客厅装修轻图典

简约

风格

本书编写组◎编

海峡出版发行集团
THE STRAITS PUBLISHING & DISTRIBUTING GROUP

福建科学技术出版社
FUJIAN SCIENCE & TECHNOLOGY PUBLISHING HOUSE

红橡木饰面板 >>

<< 无纺布壁纸

深啡网大理石波打线 >>

<< 肌理壁纸

<< 金丝米黄大理石

红橡木饰面板 >>

<< 柚木地板

<< 爵士白大理石

麻纹壁纸 >>

<< 浅啡网大理石

<< 米黄洞石

<< 实木地板

<< 肌理漆

浮雕漆 >>

仿古砖 >>

肌理漆 >>

浮雕漆 >>

<< 爵士白大理石

<< 白松木板吊顶

闪电米黄大理石 >>

<< 雅士白大理石

<< 木纹砖

大理石瓷砖 >>

木纹洞石 >>

<< 肌理漆

<< 仿大理石瓷砖

黄帝金大理石 >>

<< 金箔壁纸

<< 仿古砖

<< 砂岩文化石

硅藻泥 >>

杉木饰面板 >>

<< 柚木地板

榆木地板 >>

<< 灰网纹大理石

<< 雅士白大理石

无纺布壁纸 >>

<< 印花黑镜

实木复合地板 >>

仿古砖 >>

<< 雅士白大理石

茶镜 >>

密度板通花 >>

<< 皮革软包

<< 深啡网纹大理石

茶镜 >>

中花白大理石 >>

<< 松木饰面板

<< 做旧实木地板

镜面玻璃马赛克 >>

<< 玻化砖

<< 榉木饰面板

<< 肌理漆

实木复合地板 >>

实木复合地板 >>

└─ << 橡木饰面板

└─ << 亮光壁纸

└─ << 密度板混油

└─ << 铁刀木饰面板

古堡灰大理石 >> ─┘

米黄大理石 >>

<< 浅啡网大理石波打线

<< 红橡木饰面板

肌理漆 >>

杉木饰面板 >>

<< 沙比利饰面板

硅藻泥

<< 黑金花大理石

仿古砖 >>

硅藻泥 >>

<< 微晶石瓷砖

肌理漆 >>

<< 砂岩文化石

<< 冰裂纹玻璃

└── << 米黄洞石

└── << 白松木吊顶

有色乳胶漆 >> ──┘

└── << 文化石壁纸

└── << 雅士白大理石

枫木饰面板 >>

玻化砖 >>

<< 石膏板造型

<< 有色乳胶漆

<< 实木地板

<< 柚木地板

<< 皮雕软包

<< 木纹洞石

<< 实木线混油

<< 黑白根大理石

<< 肌理壁纸

铝塑板 >>

<< 马赛克

<< 爵士白大理石

<< 肌理漆

斑马木线密排 >>

<< 黑镜

<< 做旧实木地板

└ << 密度板通花

└ << 米黄大理石

└ << 文化石壁纸

└ << 文化石壁纸

└ << 银狐大理石

<< 有色乳胶漆

深啡网大理石 >>

<< 花鸟画壁纸

肌理壁纸 >>

└ << 柞木地板

└ << 金世纪米黄大理石

└ << 金箔壁纸

硅藻泥 >> ┘

<< 雅士白大理石

<< 水曲柳饰面板

<< 仿大理石瓷砖

有色乳胶漆 >>

实木线混油 >>

植绒壁纸 >> └ << 有色乳胶漆

肌理壁纸 >>

└ << 有色乳胶漆

无纺布壁纸 >>

<< 雅士白大理石

<< 松木指接板

<< 水曲柳饰面板

植绒壁纸 >>

└─ << 灰网纹大理石

└─ << 橡木饰面板

└─ << 马赛克

└─ << 玻化砖

└── ≪ 绒布软包

└── ≪ 红胡桃木饰面板

└── ≪ 爵士白大理石

└── ≪ 黑色烤漆玻璃

└── ≪ 黑白根大理石

米黄洞石 >>

<< 雅士白大理石

灰镜 >>

<< 米黄洞石

<< 深啡网大理石波打线

绒布软包 >>

<< 灰网纹大理石

木纹洞石 >>

胡桃木饰面板 >>

<< 皮雕软包

密度板通花 >>

有色乳胶漆 >>

<< 米黄洞石

<< 文化石

麻布壁纸 >>

<< 肌理漆

<< 做旧实木地板

柚木地板 >>

<< 麦哥利饰面板

波浪板 >>

<< 玻化砖

<< 金属砖

木纹洞石 >>

硅藻泥 >>

<< 枫木饰面板

<< 黑白根大理石

<< 仿古砖

杉木饰面板 >>

<< 浅啡网大理石

印花玻璃 >>

麻布硬包 >>

米黄大理石 >>

密度板混油 >>

松木指接板 >>

斑马木饰面板 >>

└ << 灰木纹石

米黄洞石 >> ┘

仿大理石瓷砖 >> ┘

└ << 肌理漆

爵士白大理石 >> ┘

<< 爵士白大理石

<< 艺术玻璃

微晶石 >>

<< 肌理漆

<< 实木复合地板

灰木纹石 >>

密度板混油 >>

实木地板 >>

└─ << 釉面砖

└─ << 立体浮雕壁纸

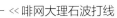

└─ << 啡网大理石波打线

釉面砖 >> ─┘

└─ << 仿古砖

<< 米黄洞石

文化石壁纸 >>

皮革软包 >>

<< 中花白大理石

马赛克 >>

└── <<亮光壁纸

└── <<木纹洞石

└── <<麻布壁纸

榆木饰面板 >> ──┘

砂岩文化石 >>

<< 黑镜

<< 马赛克瓷砖

绒布软包 >>

有色乳胶漆 >>

<<实木复合地板

<<灰镜

<<白橡木饰面板

柚木饰面板 >>

<< 柚木饰面板

金世纪米黄大理石 >>

<< 阿曼米黄大理石

白松木吊顶 >>

有色乳胶漆 >>

雅士白大理石 >>

中花白大理石 >>

<< 砂岩文化石

有色乳胶漆 >>

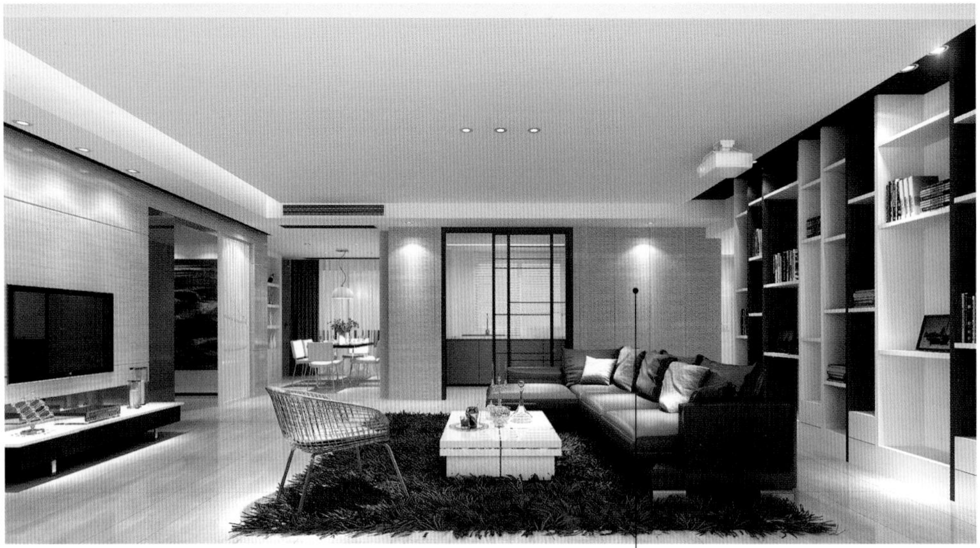

<< 麻布壁纸

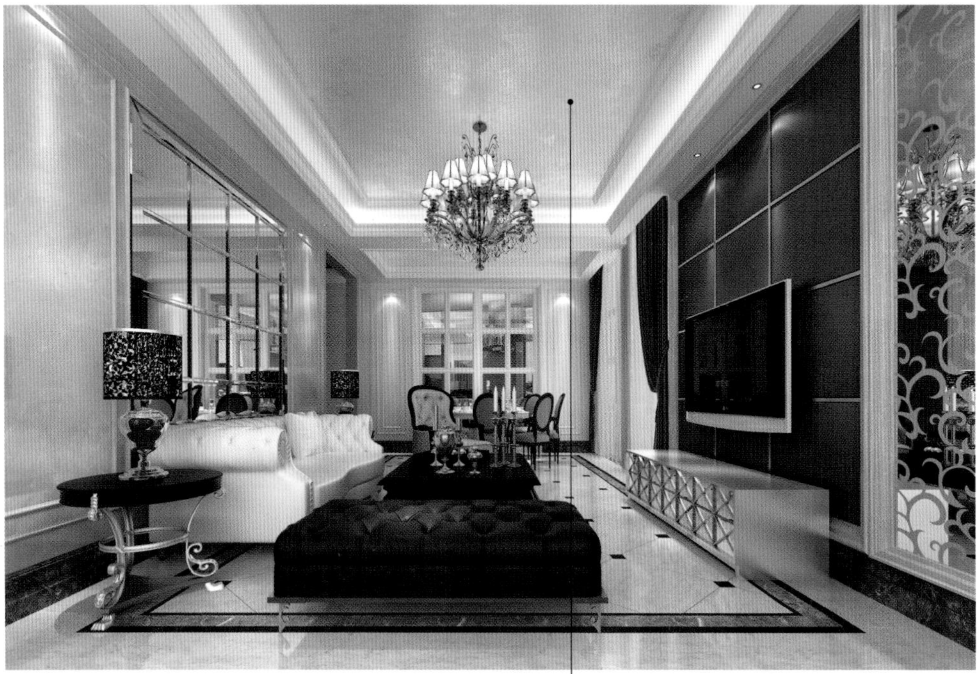

<< 银箔壁纸

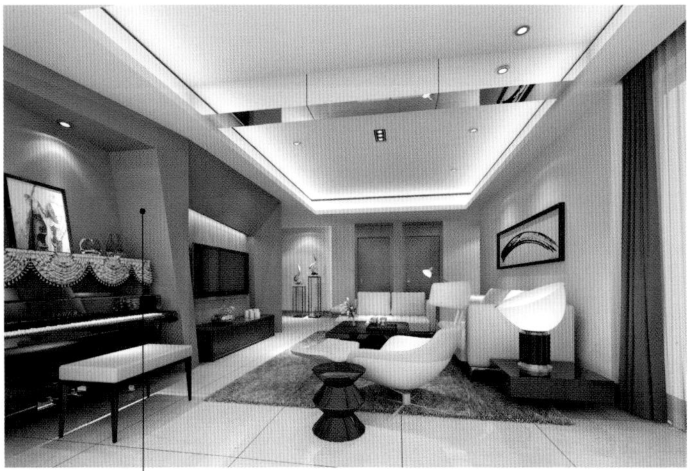

<< 有色乳胶漆

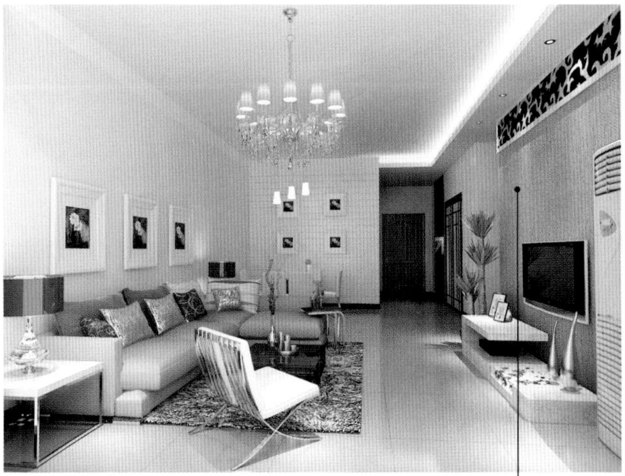

麻布壁纸 >>

黑胡桃木饰面板 >>

肌理漆 >>

亮光壁纸

无纺布壁纸 >>

米黄洞石 >>

有色乳胶漆 >>

<< 文化石

<< 黑镜

<< 大花白大理石

肌理壁纸 >>

<< 密度板通花

实木复合地板 >>

<< 中花白大理石

<< 玻化砖

灰木纹石 >>　　　　　　　　　<< 印花金镜

无纺布壁纸 >>

<< 植绒壁纸

镜面玻璃马赛克 >>

麻布壁纸 >>

<< 柚木地板

肌理漆 >>

<< 硅藻泥

白橡木饰面板 >>

米黄大理石 >>

<< 实木复合地板

中花白大理石 >>

金丝柚木饰面板 >>

<< 米黄洞石

榉木饰面板 >>

<< 实木线混油

<< 大花白大理石

水曲柳饰面板 >>

└─ <<肌理漆

玻化砖 >> ─┘

莎安娜米黄大理石 >> ─┘

└─ <<印花黑镜

阿曼米黄大理石 >>

<< 文化石

<< 玻化砖

<< 实木复合地板

<< 仿古砖

└─ <<榆木地板

└─ <<实木复合地板

釉面砖 >> ─┘

└─ <<冰裂纹玻璃

└─ <<橡木饰面板

└── ≪ 无纺布壁纸

做旧实木地板 ≫ ──┘

└── ≪ 爵士白大理石

└── ≪ 雅士白大理石

<< 玻化砖

<< 灰镜

<< 仿大理石瓷砖

中花白大理石 >>

浮雕漆 >>

<< 无纺布壁纸

黑镜 >>

有色乳胶漆 >>

<< 肌理漆

<< 榆木地板

爵士白大理石 >>

<< 玻化砖

有色乳胶漆 >>

<< 松木指接板

<< 砂岩文化石

<< 雨林啡大理石

皮革硬包 >>

<< 有色乳胶漆

肌理壁纸 >>

<< 灰网纹大理石

爵士白大理石 >>

<< 西班牙米黄大理石

无纺布壁纸 >>

<<榆木地板

<<微晶石

爵士白大理石 >>

新雅米黄大理石 >>

<< 植绒壁纸

<< 文化石壁纸

<< 金世纪米黄大理石

<< 莎安娜米黄大理石

<< 灰镜

枫木饰面板 >>

金丝米黄大理石 >>

<< 橙皮红大理石

<< 木纹洞石

└─ << 爵士白大理石

└─ << 釉面砖

印花灰镜 >>

柚木地板 >>

实木地板 >>

<< 枫木线条

爵士白大理石 >>

<< 玻化砖

<< 灰镜

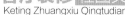

└ ≪肌理漆

└ ≪雅士白大理石

└ ≪有色乳胶漆

└ ≪柚木饰面板

└ ≪实木线混油

<< 肌理漆

阿曼米黄大理石 >>

密度板混油 >>

<< 釉面砖

中花白大理石 >>

密度板混油 >>

<< 玻化砖

PVC波浪板 >>

榉木饰面板 >>

肌理漆 >>

<< 有色乳胶漆

浅啡网大理石 >>

<< 美尼斯金大理石

植绒壁纸 >>

<< 复合实木地板

<< 黑胡桃木饰面板

斑马木饰面板 >>

<< 做旧实木地板

植绒壁纸 >>

柚木地板 >>

<< 仿大理石瓷砖

微晶石瓷砖 >>

<< 复合实木地板

红胡桃木饰面板 >>

<< 古堡灰大理石

<< 中花白大理石

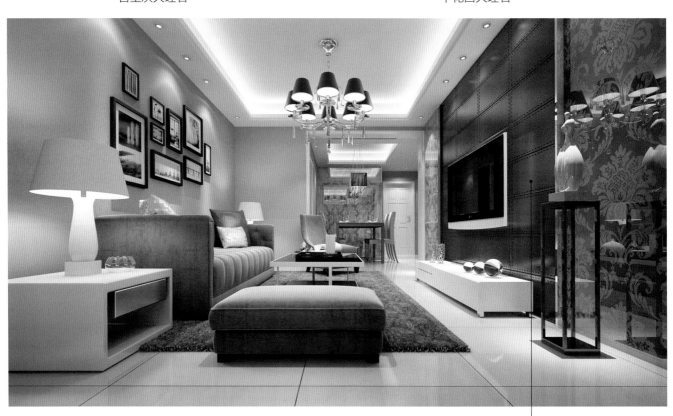

皮革硬包 >>

<< 雅士白大理石

<< 胡桃木饰面板

木纹洞石 >>

肌理漆 >>

<< 玻化砖

<< 肌理壁纸

<< 有色乳胶漆

<< 仿古砖

<< 肌理壁纸

黑镜 >>

木塑波浪板 >>

<< 白枫木饰面板

黑金花大理石 >>

└─ <<皮雕软包

└─ <<古堡灰大理石

└─ <<植绒壁纸

└─ <<柚木地板

<<月光米黄大理石

仿大理石瓷砖 >>

<<肌理漆

<<山水纹大理石

<<仿古砖

仿大理石瓷砖 >>

└─ <<金箔壁纸

金花米黄大理石 >> ─┘

└─ <<黑白根大理石

└─ <<大马士革壁纸

白枫木饰面板 >> ─┘

马赛克瓷砖 >>

<< 灰木纹大理石

<< 爵士白大理石

米黄洞石 >>

└─ <<米黄洞石

斑马木饰面板 >>─┘

└─ <<爵士白大理石

印花茶镜 >>─┘

<< 有色乳胶漆

灰网纹大理石 >>

<< 米黄木纹石

有色乳胶漆 >>

印花灰镜 >>

砂岩文化石 >>

<< 木纹砖

沙比利饰面板 >>

<< 马赛克瓷砖

雅士白大理石 >>

木纹洞石 >>

黑镜 >>

枫木饰面板 >>

<< 肌理漆

<< 榉木饰面板

<< 实木复合地板

<< 仿古砖

黑白根大理石 >>

灰木纹石 >>

<< 无纺布壁纸

<< 釉面砖

<< 橡木饰面板

有色乳胶漆 >>

<< 仿大理石瓷砖

<< 文化石壁纸

镜面玻璃马赛克 >>

<< 麻布壁纸

斑马木饰面板 >>

有色乳胶漆 >>

<<米黄洞石

灰木纹石 >>

<<红橡木饰面板

<< 玻化砖

<< 文化石壁纸

有色乳胶漆 >>

灰网纹大理石 >>

<< 白橡木饰面板

银箔壁纸 >>

<< 文化石

<< 无纺布壁纸

仿大理石瓷砖

釉面砖 >>

└── << 斑马木通花板

└── << 红樱桃木饰面板

雅士白大理石 >> ──┘

斑马木饰面板 >> ──┘

└── << 枫木饰面板

玻化砖 >>

<< 水曲柳饰面板

肌理壁纸 >>

<< 金世纪米黄大理石

<< 马赛克瓷砖

<< 枫木饰面板

橙皮红大理石 >>

柚木地板 >>

<< 榆木地板

斑马木饰面板 >>

<< 马赛克瓷砖

斑马木饰面板 >>

<< 密度板通花

PVC硬包 >>

文化石 >>

肌理漆 >>

<<有色乳胶漆

米黄洞石 >>

<< 玻化砖

肌理漆 >>

<< 皮雕软包

<< 木纹砖

实木复合地板 >>

斑马木饰面板 >>

<< 麻布壁纸

实木线混油 >>

松木饰面板 >>

<< 金世纪米黄大理石

麻布硬包 >>

<< 浅啡网大理石

<< 黑金花大理石波打线

└─ <<雨林绿大理石

└─ <<雅士白大理石

└─ <<肌理壁纸

└─ <<艺术壁纸

└─ <<杉木指接板

<< 马赛克瓷砖

<< 松木地板

<< PVC壁纸

实木复合地板 >>

<< 灰镜

<< 皮革软包

做旧实木地板 >>

有色乳胶漆 >>

中花白大理石 >>

<<仿大理石瓷砖

雅士白大理石 >>

<<硅藻泥

仿古砖 >>

<<仿大理石瓷砖

└── <<深啡网大理石

皮革硬包 >> ──┘

└── <<玻化砖

└── <<密度板通花

└── <<金线米黄大理石

<< 釉面砖

麻布壁纸 >>

<< 斑马木饰面板

<< PVC软包

有色乳胶漆 >>

<< 印花茶镜

玻化砖 >>

<< 灰木纹砖

<< 皮革硬包

肌理漆 >>

<< 浅啡网大理石

米黄洞石 >>

水曲柳木线 >>

红橡木饰面板 >>

印花茶镜 >>

<<浅啡网大理石波打线

胡桃木饰面板 >>

实木复合地板 >>

浮雕漆 >>

PVC波浪板 >>

<< 水曲柳饰面板

<< 印花银镜

<< 深啡网大理石

釉面砖 >>

榉木饰面板 >>

阿曼米黄大理石 >>

釉面砖 >>

榉木饰面板 >>

枫木饰面板 >>

实木复合地板 >>

<< 铝塑板

<< 有色乳胶漆

<< 米黄洞石

雅士白大理石 >>

硬包 >>

<< 黑白根大理石波打线

<< 大理石瓷砖

<< 马赛克瓷砖

麻布壁纸 >>

<< 柚木地板

枫木饰面板 >>

白橡木饰面板 >>

雅士白大理石 >>

<< 手绘画

灰网纹大理石 >>

有色乳胶漆 >>

玉石 >>

<<实木复合地板

<<黑胡桃木饰面板

爵士白大理石 >>

<<中花白大理石

└─ << 黑镜

└─ << 黑金花大理石波打线

└─ << 杉木饰面板

黑色烤漆玻璃 >> ─

└─ << 烤漆玻璃

密度板造型 >>

仿大理石瓷砖 >>

皮革软包 >>

<< 雅士白大理石

└─ <<红橡木饰面板

└─ <<米黄大理石

└─ <<仿古砖

红橡木饰面板 >> ─

木纹砖 >> ─

亮光壁纸 >> ─

麻布壁纸 >> ─

<< 水曲柳饰面板

釉面砖 >>

红橡木饰面板 >>

<< 仿大理石瓷砖

仿大理石瓷砖 >>

枫木饰面板 >>

无纺布壁纸 >>

水曲柳木地板 >>

<< 榆木地板

白松木线密排 >>

无纺布壁纸 >>

雅士白大理石 >>

<< 浅啡网大理石

肌理漆 >>

<< 中花白大理石

实木复合地板 >>

<< 米黄洞石

<< 杉木板吊顶

└── <<爵士白大理石

└── <<中花白大理石

└── <<无纺布壁纸

└── <<红橡木饰面板

<< 木纹砖

<< 橡木饰面板

<< 榉木饰面板

无纺布壁纸 >>

金叶米黄大理石 >>

<< 砂岩文化石

柚木饰面板 >>

<< 仿大理石瓷砖

<< 爵士白大理石

玉石 >>

米黄洞石 >>

<<美尼斯金大理石

<<实木复合地板

<<有色乳胶漆

└── << 灰木纹砖

白松木板吊顶 >> ──┘

└── << 文化石

米黄木纹石 >>

<< 杉木地板

<< 有色乳胶漆

仿古砖 >>

玻化砖 >>

灰镜 >>

<<阿曼米黄大理石

<<肌理漆

胡桃木饰面板 >>

<<麻布壁纸

<< 胡桃木饰面板

灰镜 >>

杉木指接板 >>

釉面砖

<< 白橡木饰面板

车边明镜 >>

<< 有色乳胶漆

<< 榆木地板

└── <<木纹洞石

肌理壁纸 >> ──┘

└── <<冰裂纹茶镜

印花茶镜 >> ──┘

└── <<红胡桃木饰面板

金属砖 >>

浮雕壁纸 >>

<< 黑胡桃木饰面板

<< 仿古砖

实木复合地板 >>

<< 有色乳胶漆

<< 大花白大理石

<< 古堡灰大理石波打线

<< 文化石

<< 实木复合地板

中花白大理石 >>

<< 榉木饰面板

<< 玻化砖

<< 实木复合地板

做旧实木地板 >>

<<仿古砖

木纹砖 >>

<<实木复合地板

<<文化石壁纸

<< 红橡木饰面板

<< 柚木地板

<< 玻化砖

<< 皮雕软包

<< 枫木饰面板

<< 爵士白大理石

木纹洞石 >>

木纹砖 >>

肌理壁纸 >>

<< 玻化砖

<< 斑马木饰面板

枫木饰面板 >>

<< 山水纹大理石

<< 黑胡桃木饰面板

<< 白橡木饰面板

<< 雅士白大理石

图书在版编目（CIP）数据

客厅装修轻图典. 简约风格 /《客厅装修轻图典》
编写组编. —福州：福建科学技术出版社，2016.7
ISBN 978-7-5335-5083-7

Ⅰ.①客… Ⅱ.①客… Ⅲ.①客厅－室内装修－建筑
设计－图集 Ⅳ.①TU767-64

中国版本图书馆CIP数据核字（2016）第135330号

书　　名　客厅装修轻图典　简约风格
编　　者　本书编写组
出版发行　海峡出版发行集团
　　　　　福建科学技术出版社
社　　址　福州市东水路76号（邮编350001）
网　　址　www.fjstp.com
经　　销　福建新华发行（集团）有限责任公司
印　　刷　福州德安彩色印刷有限公司
开　　本　889毫米×1194毫米　1/16
印　　张　9
图　　文　144码
版　　次　2016年7月第1版
印　　次　2016年7月第1次印刷
书　　号　ISBN 978-7-5335-5083-7
定　　价　39.80元
书中如有印装质量问题，可直接向本社调换